SOCIÉTÉ ROYALE

D'HORTICULTURE

DE LIÉGE.

Vingt-cinquième Exposition.

SALON D'AUTOMNE.

CATALOGUE

DE LA QUATRIÈME EXPOSITION DE FRUITS ET DE LÉGUMES, OUVERTE LES 18, 19, 20 ET 21 OCTOBRE 1840,

A LA

GRANDE SALLE ACADÉMIQUE DE L'UNIVERSITÈ.

UTILE DULCI.

LIÉGE,

IMPRIMERIE DE N. REDOUTÉ, LIBRAIRE, RUE DE LA RÉGENCE.

1840.

SOCIÉTÉ ROYALE

D'HORTICULTURE

DE LIEGE.

EXTRAITS DES PROCÈS-VERBAUX DES SÉANCES.

Assemblée générale du 23 juin 1840.

La séance s'ouvre à 4 $^{1}/_{2}$ heures, sous la présidence de M. Ant. VANDERSTRAETEN.

— 36 membres signent la liste de présence.

— Le Secrétaire lit le procès-verbal de la séance du jury du 19 juin 1840, et le président fait la remise des médailles aux vainqueurs.

— On procède, dans les formes ordinaires, à la réception des dix candidats présentés comme membres effectifs de la société : ils sont tous admis.

La séance est levée à 6 heures.

Le Secrétaire,
F. F. DECAMPS, *d. m. ph.*

104e SÉANCE DU CONSEIL D'ADMINISTRATION,

DU 5 JUILLET 1840, A 11 HEURES,

Sous la présidence de M. LEGRAYE.

Le procès-verbal de la dernière séance est lu et approuvé.

La société reçoit, 1° le N° 7 de la Flore des serres et jardins de l'Angleterre;

2 Ann. de la Soc. royale d'horticulture de Paris, (juin 1840);

3° Ann. de l'agric. française (juin 1840);

4° Revue horticole, (mai 1840);

5° Catalogue de la Soc. roy. d'horticulture de Mons (juin 1840);

6° — — de flore de Bruxelles, (id);

7° — — d'horticulture de Louvain, (id);

8° — — de Malines, (id.).

— Le conseil prend les résolutions suivantes:

1° Lorsque l'huissier de la Société se sera présenté trois fois au domicile d'un Sociétaire sans avoir pu toucher le montant de la cotisation annuelle, le Trésorier adressera au membre rétardataire l'invitation de payer dans le délai d'un mois et *en sa demeure*, sous peine d'être rayé du tableau des membres, conformément aux art. 3 et 25 du réglement, et aux dispositions arrêtées, en assemblée générale, le 17 *septembre* 1839.

2° Le nom du membre rayé du tableau sera inséré dans le procès-verbal de la séance où aura lieu cette radiation.

3° Les lettres de rappel seront adressées *franco* aux membres rétardataires.

— Le conseil, considérant que le secrétaire est chargé de la classification bibliographique des ouvrages et de leur conservation, et qu'il est responsable des objets appartenant à la bibliothèque, arrête les dispositions suivantes :

1° Les membres de la Société ont seuls le droit d'emprunter, pour leur propre usage, les livres et journaux, sur un reçu daté et signé par eux.

2° Les livres et journaux ne seront prêtés que pour sept jours ; ils seront rapportés le huitième, sous peine d'une amende de 50 cent[es] pour chaque jour de retard.

3° L'emprunteur pourra, *deux mois après la publication de l'ouvrage*, renouveler son reçu et garder les livres pendant un temps à déterminer par le secrétaire, sous peine de l'amende ci-dessus.

4° Le secrétaire pourra toujours faire rentrer sur-le-champ les ouvrages prêtés, quand il le jugera nécessaire.

La faculté d'emprunter des livres sera interdite, pour 3 mois, au sociétaire qui ne rendrait pas les livres à la première demande.

5° Les manuscrits, les livres rares ou de luxe et les ouvrages en feuilles ou planches détachées ne peuvent être prêtés au-dehors.

6° Les emprunteurs remplacent, à leurs frais et dans le plus bref délai, les ouvrages qu'ils ont perdus ou détériorés.

7° Tous les ouvrages prêtés doivent être remis huit jours avant chacune des expositions.

8° Le sociétaire qui ne se conformera pas à ces dispositions ou qui se refusera à payer l'amende *immédiatement*, ne pourra plus obtenir de livres.

9° Il sera tenu un catalogue exact de tous les ouvrages, par ordre de dons ou d'acquisitions successives.

10° Ces dispositions seront mises en vigueur le 1er octobre 1840.

— Le conseil décide qu'il ne pourra, sauf le cas d'urgence, prendre aucune délibération si la moitié de ses membres n'est présente.

La séance est levée à 1 heure.

Le Secrétaire,

F. F. DECAMPS, *d. m. ph.*

105e SÉANCE DU CONSEIL D'ADMINISTRATION,

DU 2 AOUT 1840, A 11 HEURES,

Sous la présidence de M. LEGRAYE.

Le procès-verbal de la dernière séance est lu et approuvé.

La société reçoit,

1° Ann. de l'agric. française. (juillet 1840);
2° Ann. de la soc. d'hortic. de Paris, (juillet 1840);
3° Travaux du Comice horticole de Maine et Loire, n° 11.
4° Revue horticole, (juin 1840);
5° Catalogue de la soc. roy. d'agric. et de Bot. de Gand, (juin 1840);
6° Id. — d'horticulture de Verviers, (juin 1840);

7° Lettre de M. Aug Francotte qui, empêché par

une longue et grave indisposition de remplir ses fonctions de président, envoie sa démission.

— M. Libert, ayant manqué à trois séances consécutives, sans donner des motifs de son absence, est déclaré démissionnaire, conformément aux dispositions arrêtées le 23 octobre 1839.

— Le conseil décide que les membres reçus dans les six premiers mois de l'année, doivent payer l'annate entière de 6 francs.

— Par interprétation du n° 3 du programme de la 3e exposition de fleurs de Dahlias, il est convenu : *que le prix pourra être accordé au Dahlia obtenu de semis en Belgique et à celui gagné en pays étranger*; de manière que le jury sera libre de décerner deux médailles, au lieu d'une seule.

La séance est levée à midi et demi

Le secrétaire,

F. F. Decamps, *d. m. ph.*

106e SÉANCE DU CONSEIL D'ADMINISTRATION,

DU 30 AOUT 1840, A 11 1/2 HEURES,

Sous la présidence de M. LEGRAYE.

Le procès-verbal de la dernière séance est lu et approuvé.

La société reçoit 1° Ann. de la société royale d'Horticulture de Paris, (août 1840);

2° Ann. de l'agric. française, (août 1840);

3° Revue horticole, (juillet-août 1840);

4° Flore des serres et jardins de l'Angleterre, n° 8 ;
5° Catalogue de la société d'hortic. d'Anvers (août 1840) ;
6° Programme de la 3° exposition de fleurs de Dahlias de la société de botanique de Louvain ;
7° id de la société d'hortic. de Tournay ;
8° id de la société de Flore de Bruxelles ;
9° id de la société d'hortic. de Mons.

— Le conseil procède à la nomination des personnes qui doivent composer le jury pour l'exposition de fleurs de Dahlias, fixée au 13 septembre prochain.

La séance est levée à 1 heure.

Le Secrétaire-adjoint,
E. BORSU.

Assemblée Générale

DU 13 SEPTEMBRE 1840.

La séance s'ouvre à 11 1/2 heures sous la présidence de M. LEGRAYE.

— 32 membres signent la liste de présence.

— On procède, au scrutin secret, à la nomination d'un membre du conseil d'administration en remplacement de M. Libert, démissionnaire.

M. Fourcault-Raick obtient 23 voix et est proclamé administrateur.

La séance est levée à midi et demi.

Le Secrétaire,
F. F. DECAMPS, d. m. ph.

107e SÉANCE DU CONSEIL D'ADMINISTRATION,

DU 4 OCTOBRE 1840, A 11 HEURES.

La séance s'ouvre sous la présidence de M. Legraye.

Le procès-verbal de la dernière réunion est lu et adopté.

La Société reçoit,

1° Ann. de la Soc. roy. d'Horticulture de Paris, (septembre 1840) ;
2° Revue horticole, (septembre 1840) ;
3° Travaux du comice horticole de maine et Loire, no 12.
4° Ann. de l'agric. française, (septembre 1840) ;
5° L'horticulteur universel, (décembre 1839 et janvier 1840) ;
6° Catalogue de la Soc. d'hortic. de Tournay ;
7° Procès-verbal de l'Exposition de Dahlias de Louvain ;
8° — — — de Bruges ;
9° — — — de Mons ;
10° Monographie du genre Camellia de l'abbé Berlèse :
11° Traité du Dahlia de Pirolle.

— Le conseil arrête les inscriptions à graver sur les médailles pour l'exposition de fleurs de Dahlias.

— Il décide que les trois derniers prix de l'expositions de fruits et de légumes pourront être obtenus par des personnes ne faisant pas partie de la Société.

— Il nomme le jury et la commission de salon pour la prochaine exposition de fruits et de légumes.

— Il statue qu'une médaille en vermeil sera décernée comme hommage au président qui sera nommé à la première réunion générale.

— Il décide que la tombola de la prochaine exposition sera composée d'un nombre égal de lots heureux (fruits) et de lots malheureux, (légumes).

La séance est levée à midi et demi.

Le Secrétaire,

F. F. DECAMPS, *d. m. ph.*

SOCIÉTÉ ROYALE

D'HORTICULTURE

DE LIÉGE.

PROGRAMME

DE LA

VINGT-SIXIÈME EXPOSITION.

22me EXPOSITON DE FLEURS.

Le conseil d'administration fixe l'exposition d'hiver au 14 mars 1841, (deuxième dimanche du mois). Elle se terminera le 16 au soir, et aura lieu à la grande salle académique de l'université.

Quatorze médailles seront décernées :

1° A la plus belle collection de plantes en fleurs, (Médaille en vermeil) ;

2° A la plante en fleurs la plus récemment introduite en Belgique, et dont le mérite sera reconnu, (médaille en argent);

La plus grande sévérité est recommandée à MM. les membres du jury.

3° A la plante en fleurs la mieux cultivée, (Médaille en argent);

4° A la plante dont la floraison aura offert le plus de difficultés, (Médaille en argent);

5° Au plus beau contingent de plantes en fleurs, composé des Lilium candidum, Asclepias tuberosa, chrysanthemum indicum et Lychnis chalcedonica, fl. alb. pl. (Médaille en argent);

6° A la plus belle plante obtenue de semis et dont le mérite sera reconnu, (Médaille en argent);

7° A la collection la plus belle et la plus variée de Camellia en fleurs, présentée par un amateur; elle devra compter au moins 20 variétés bien distinctes, (Médaille en argent);

— Au second prix, une médaille en bronze;

8° A la collection la plus belle et la plus variée de Camellia en fleurs, exposée par un jardinier: elle devra réunir au moins 40 variétés bien distinctes; (Médaille en argent);

— Au second prix, une Médaille en bronze;

9° A la collection la plus belle et la plus variée d'Azalea indica en fleurs, exposée par un amateur: elle devra offrir au moins 20 variétés distinctes, (Médaille en argent);

10° A la collection la plus belle et la plus variée d'Azalea indica en fleurs; présentée par un jardinier: elle devra compter au moins 40 variétés distinctes, (Médaille en argent);

11° A la plus jolie collection de Pensées en fleurs, cultivées en pots, (Médaille en argent);

12° En outre le jury pourra accorder un prix au contingent le plus remarquable de plantes en fleurs d'un même genre.

— Les plantes qui seront envoyées comme nouvellement introduites devront être accompagnées de renseignements, afin d'abréger et de faciliter les travaux du jury.

— Les concurrents prennent l'engagement le plus formel de n'exposer que des fleurs qui leur appartiennent ou proviennent de leur culture; toute infraction à cette règle entraine l'exclusion du concours.

— Les plantes devront être déposées *franco* au local de l'exposition, le vendredi 12 mars avant midi au plus tard, et les listes indicatives chez le secrétaire de la société, le mercredi, 10 du même mois.

— Les plantes portant indication de leurs noms et dont la liste aura été remise à temps au secrétaire, seront seules admises à figurer au catalogue et à concourir pour les prix.

— Le jury se réunira le vendredi avant-veille de l'exposition, à 3 heures précises de relevée.

— Une commission, sous la présidence de l'un des secrétaires-adjoints, se trouvera au salon pour diriger les préparatifs de l'exposition, la police de la salle et les soins à donner aux plantes.

— Le salon sera ouvert le dimanche aux sociétaires, aux dames de leurs familles et aux étrangers, de 10 heures du matin à midi, et de 2 à 5 heures du soir : le public y sera admis les deux jours suivants.

— Le mardi 16 mars à 3 heures, il y aura assemblée générale pour la remise des médailles, la réception des candidats présentés, le remplacement des membres sortants du conseil d'administration et la tombola.

Liége, le 11 octobre 1840.

Le président d'âge, M. LEGRAYE.
Le secrétaire-adjoint, E. BORSU.

CONSEIL

D'ADMINISTRATION

DE LA SOCIÉTÉ.

MM.		DATE DE L'ELECTION.		
N* président ;				
Ant. Vanderstraeten, vice-présid.		3	février	1839
F. F. Decamps, secrétaire ;		21	août	1838
E. Borsu, secrétaire-adjoint ;		3	février	1839
N* id ;				
H. Haquin, trésorier ;		3	février	1839
E. Defresne,	administrateurs	—	—	—
L. Jacob-Makoy,	administrateurs	—	—	—
M. Legraye,	administrateurs	—	—	—
G. Reul,	administrateurs	—	—	—
Ch. Dayeneux,	administrateurs	17	mars	1840
Ferd. Lemmens,	administrateurs	—	—	—
H. Stephens,	administrateurs	—	—	—
Fourcault-Raick,	administrateurs	13	septembre	—
N*	administrateurs			

SOCIÉTÉ ROYALE
D'HORTICULTURE
DE LIÉGE.

PLANTES EXPOSÉES

EN L'HONNEUR DE

Sa Majesté Léopold premier,

ROI DES BELGES,

PROTECTEUR DE LA SOCIÉTÉ.

1 Coburgia incarnata.
2 Cicas revoluta.

SA MAJESTÉ LA REINE.

3 Pandanus odoratissimus.
4 Cicas circinalis.

SOCIÉTÉ ROYALE

D'HORTICULTURE

DE LIÉGE.

PLANTES EXPOSÉES

EN L'HONNEUR DES

MEMBRES HONORAIRES.

5. Pandanus reflexus.
6. Cycas glauca.
7. Phœnix reclinata.
8. Latania borbonica.

MEMBRES HONORAIRES.

M. le baron VAN DEN STEEN de JEHAY, *gouverneur de la province de Liége.*

M. de BEHR, *premier président de la cour d'appel de Liége.*

MGR. VAN BOMMEL, *évêque de Liége.*

M. ARNOULD, *administrateur-inspecteur de l'université.*

M. TILMAN, *bourgmestre de Liége.*

M. NORBERT CORNELISSEN, *propriétaire, à Gand.*

M, MORREN, *professeur de botanique, président honoraire de la société.*

Plantes Exposées

EN L'HONNEUR DES

SOCIÉTÉS D'HORTICULTURE ET D'AGRICULTURE

D'ANGERS, CAEN, HAARLEM, LILLE, PARIS, ROUEN, ST.-OMER ET VERSAILLES.

9. Cycas circinalis.
10. Pandanus graminifolius.

SOCIÉTÉS D'HORTICULTURE, D'AGRICULTURE, DE FLORE ET DE BOTANIQUE

D'ALOST, BINCHE, BRUGES, BRUXELLES, GAND, LOUVAIN, MALINES, MONS, NAMUR, ST.-NICOLAS, TOURNAY ET VERVIERS.

11. Areca rubra.
12. Corypha elata.

Plantes Exposées

EN L'HONNEUR

Des Membres Correspondants.

13. Cycas revoluta.
14. Chamœrops excelsa.
15. Cocas nucifera.

Membres Correspondants.

MM.

Balfour, secrétaire de la société de botanique d'Édimbourg.
Berlèse (abbé), secrétaire de la soc. roy. d'hort. de Paris.
Bonafous, directeur du jardin botanique de la société d'agriculture de Turin, (Piémont).
Brongniart (ad), professeur au jardin du roi, à Paris.
Brugnoli de Brunnhoff, professeur de botanique, à Modène.
Boulvin, docteur en médecine, à Gilly, en Hainaut.
Cachet, horticulteur, à Angers.
Decaisne, aide-naturaliste au jardin du roi, à Paris.
De Candolle, père, directeur du jardin botanique de Genève.
S. A. S. le prince **Salm-Dyck** (Joseph) au château de Dyck, (grand-duché du Bas-Rhin).
Desvaux, ancien directeur du jardin botanique d'Angers, à Nantes.

Devriese, directeur du jardin botanique d'Amsterdam.

Dierbach, directeur du jardin botanique de Heidelberg.

Don Antonio Blanco y Fernandez, directeur-général des cultures de la Reine d'Espagne, à Valence.

Don Arias, professeur, à Madrid.

Douffet, chef de la comptabilité de l'institut agronome de Grignon, près de Paris.

Dubreuil, secrétaire de la société d'horticulture de Rouen.

Fischer, directeur du jardin botanique de St-Pétersbourg.

Graham, professeur de botanique, à Edimbourg.

Héricart de Thury (vicomte), président de la société royale d'horticulture de Paris.

Le Brument, administrateur de la société royale d'horticulture de Paris.

Lehmann, directeur du jardin botanique de Hambourg.

Lindley (John), professeur à l'université de Londres.

Mallard, pharmacien, à Paris.

Mirbel (de), de l'institut, professeur au jardin du roi, à Paris.

Morren (Aug.), proviseur du collége royal, à Angers.

Pouchet, professeur de botanique, à Rouen.

Raffeneau Delille, professeur de botanique, à Montpellier.

Rodigas, docteur-pharmacien, à St.-Trond.

Rosemblad, conseiller du roi de Suède, à Stockholm.

Soulange Bodin (chev.), secrétaire de la société royale d'horticulture de Paris.

Stanhope (lord), président de la société botanico-médicale de Londres.

Targioni-Tozetti, professeur de botanique, à Florence.

Tougard, président de la société d'horticulture de Rouen.

Tréviranus (L. Christ.), professeur de botanique, à Bonn.

SOCIÉTÉ ROYALE

D'HORTICULTURE

DE LIEGE.

MEMBRES EFFECTIFS.

MM.

Alard, avocat.
Ancion, père, fabricant d'armes.
Antoine, employé, au Val St. Lambert.
Arnould (Aug.), à Namur.
Baillot, avocat.
Bamps, docteur en médecine, à Hasselt.
Beaufays, horticulteur-pépiniériste.
Bégasse (ch.), fabricant.
Berleur, propriétaire, à St. Laurent.
Bernimolin-Dehasse, fabricant.
Biar, notaire.
Biolley (Ed.), fabricant, à Verviers.
Bollinne, employé.
Borguet, entrepreneur.

Borguet, fils aîné.
Bormans, professeur à l'université.
Borsu, fab[t], secrétaire-adjoint de la société.
Bouhaye, (Mde.) rentière.
Bréda, curé, à Beaufays.
Bronne, receveur de l'enregistrement.
Carlier, entrepreneur.
Carlier, fils, étudiant.
Carlier (Alex), naturaliste.
Chaboud, teinturier.
Charles (E), fabt. d'armes.
Charles, horticulteur, à Xhovémont.
Chefnay-Demet, rentier.
Closson, fils, surnuméraire à l'inspt. des contributions.
Codiroli, vitrier.
Collette (Bertrand), marchand de bois.
Collette-Duchesne, négociant à Herstal.
Colson, docteur en médecine, à Gand.
Comhaire, commis au bureau des postes.
Courtois, jardinier.
Dandrimont-Demet, rentier.
D'Ansembourg (comte), à Amstenraedt.
Daviet (H.), horticult. à Etterbeeck, lez-Bruxelles.
Davreux, pharmacien.
Dayeneux, receveur de la ville.
De Beauvoir (Mde), directrice de pensionnat.
De Bec-de-Lièvre (comte), propriétaire, à Neufchâteau.
De Behr (fr.), propriétaire.
Deblon, horticulteur, à Verviers.

Debrun, curé, à Hollogne-aux-Pierres.
Decamps, docteur-pharmacien.
De Caters, président de la société d'hort. d'Anvers.
De Chestret (baron), père, de Donceel.
Defays-Demonceau, propriétaire, à Chokier.
Defresne (Alex.), rentier.
Defresne (Emile), rentier.
Degey, horticulteur, à Huy.
De Grady-de-Sauvage, rentier.
De Harlez (chevalier), receveur des domaines.
Dehasse-de-Grand'ry, conseiller de régence.
De Hemricourt (comte), propriétaire, à Ramioulle.
De Lavacherie, docteur en chirurgie.
Delheid (Fr.), fils.
Deliége, notaire, à Fléron.
Delmarmol, ancien conservateur des eaux et forêts.
Delrée, avocat.
Demet (Mde. Ve.), rentière.
Demet (Nic), cultivateur, à Fragnée.
Demet-Jacob (Paul), horticulteur.
De Reulme, capitaine d'artillerie.
De Ruelle, propriétaire.
De Rycke-Bart, fabricant, à Gand.
De Sauvage, banquier.
De Sauvage (Fréd), négociant.
De Sélys-de-Longchamps (baron), propriétaire.
De Senzeille (baron A), propriétaire.
De Senzeille (baron E.), propriétaire.
De Sermoise, insp. des ponts et chaussées, à Tongres.

Desoer, agent de la société générale.
De Spa, conseiller de régence.
De Spirlet, propriétaire.
Dessain, imprimeur-libraire.
Dessart (Laur.), jardinier.
Destriveaux (Mde.)
Detrooz (Alex.), négociant.
Deville, jardinier en chef du jardin botanique.
Devroye, chanoine.
De Wael (émilien), à Anvers.
De Warzée (Mde. la baronne), propriétaire.
Digneffe (Ch.), rentier.
Dognée, ainé, avocat.
D'omalius-Thierry, propriétaire, à Anthinnes.
Doneux, mécanicien.
Dossin, botaniste, à Fragnée.
D'othée (baron), propriétaire.
Dozin, horticulteur.
Dozin, employé au gouvernement provincial.
Dozin-Galère, cultivateur.
Dubois (Ch.), banquier.
Dumortier, membre de la chambre des représentants.
Dupont, conducteur des mines, à Chératte.
Dupont (Fr.) nég[t]., à Herstal.
Duvivier, curé de St.-Jean.
Everts, médecin-vétérinaire.
Fagot-Jonniaux, maître-d'hôtel.
Fassin-Berleur, propriétaire.
Fastré, pépiniériste sur le Mont-Méry, à Tilff.

Fiot, capitaine de marine anglaise.
Fléchet, notaire, à Warsage.
Florenville (Aug.)
Forgeur, avocat.
Fourcault-Raick, propriétaire, à Tilleur.
Fraikin, docteur en médecine.
Francotte (Aug.), fabricant.
Francotte (Clément), fabricant.
Francotte (Louis), horticulteur.
Francotte-Lamarche, négociant.
Franck, ingénieur.
Frédérix, major d'artillerie.
Frésart, conseiller honoraire à la cour d'appel.
Fuss, professeur à l'université,
Galère, jardinier.
Galoppin, horticulteur, à Grivegnée.
Gauthier, mécanicien, à Grivegnée.
Germain, pharmacien, à Huy.
Gernaert-Demet, ingénieur des mines.
Gilman, secrétaire de la chambre de commerce.
Goujon, huissier.
Grandgagnage, conseiller à la cour d'appel.
Grisart (ph.), propriétaire, à la Rochette.
Guérin (P.), marchand de bois.
Guillaume, greffier à la cour d'appel de Liége.
Guillaume, commissaire de police.
Haenen, conseiller à la cour d'appel.
Hamaitre, négociant.
Hamaitre, fils.

Hamakers, pharmacien.
Haquin, trésorier de la société.
Hardy, notaire, à Erezée.
Hauzeur, docteur en médecine.
Hennau, professeur à l'université.
Henneau, avocat.
Henrard (fils), horticulteur, à Ste-Walburge.
Hermans, pépiniériste, à Herck-la-Ville.
Honin (G), directeur de houillère, à Herstal.
Horne (Ch.), bijoutier.
Houdret, pharmacien.
Houssa, notaire, à Waremme.
Hubart, directeur des postes.
Jacob-Makoy, horticulteur.
Jacob, fils, horticulteur.
Jacob, entrepreneur.
Jacques (fél), négt. à Waremme.
Jamar, propriétaire, à Ans.
Jamme (L.), ancien bourgmestre.
Jamme, propriétaire.
Janné, pharmacien.
Jenicot, avocat.
Jenicot, fabricant orfèvre.
Lacordaire, professeur à l'université.
Lafontaine, horticulteur.
Lamarche-Dossin (Mde), à Bois-l'évêque.
Lamarche-Dossin, propriétaire, à Bois-l'Evêque.
Lamaye, avocat.
Lambinon-Jourdan, propriétaire.

Lambinon, notaire.
Lambinou-Martiny, propriétaire.
Lambert (Ant.), rentier.
Lambert (Jos.), marchand-brasseur.
Lavalleye, receveur de l'enrégistrement.
Lavalleye, professeur à l'université.
Lebescomte, propriétaire.
Lecharlier (Mich.) employé à la régence.
Leclerc, agriculteur, à Grivegnée.
Leclerc, chef de bureau à la régence.
Legraye, horticulteur, à Hocheporte.
Lemaire, professeur à l'université.
Lemmens (Ferd.), maître d'hôtel.
Lemmens, Md. brasseur.
Lepage (Hubt.), fabt. d'armes.
Lepourceau, cultivateur, à Milmorte.
Leroux, notaire, à Visé.
Lesbroussart, professeur à l'université.
Le Soinne, avocat.
Le Soinne (Mde. Ve), propriétaire.
Le Soinne (Ch.), industriel.
Levieux, rentier.
Lhoest, propriétaire.
Libert, fleuriste-pépiniériste.
Lion, conservateur des hypothèques.
Lombard, docteur en médecine.
Longrée, jardinier, à Sclessin.
Lorio (Jos.), jardinier, à Hocheporte.
Louis, abbé.

Marck, jardinier, à Fays.
Maréchal, fermier, à Gomzé.
Mawet, horticulteur.
Mechelynck (Aug.), horticulteur, à Gand.
Melchoir (Oliv.), fils, cultivateur, à Herstal.
Mers (H), employé.
Micha, chef de bureau à la régence.
Michel, pépiniériste, à Nessonvaux.
Millet, horticulteur, à Verviers.
Molinvaux (Arn.), jardinier, à Xhovémont.
Mouton, fleuriste, propriétaire.
Mulkai, propriétaire-cultivateur, à Corommeuse.
Nagelmackers (Ed), fabt. d'armes.
Neuville (Jos.), avocat.
Nivard, avoué, bourgmestre à Ayeneux.
Nizet, horticulteur, à Corommeuse près de Liége.
Olislagers de Sypernau (chev.), propriétaire, à Eelen.
Orban-Francotte, fabricant.
Osy (baron), propriétaire.
Palante, docteur en médecine.
Parthon de Von (chev.), à Wilryck, près d'Anvers.
Pasquier, pharmacien en chef à l'hôpital militaire.
Pétry, cultivateur, à Sclessin.
Pétry, médecin-vétérinaire.
Péters-Judon, à Visé.
Philippe (Nic.), horticulteur, à Sclessiu.
Philippe-Babe (Ch.), à Ougrée.
Picard, négociant.
Pinsar, graveur.

Pirnay (H.), père, cultivateur, à Longdoz.
Pirotte, receveur des coutributions, à Ans.
Pirson, jardinier.
Poncelet, docteur en médecine.
Popeyans de Morcheven, propriétaire, à Gand.
Putzeys, avoué.
Putzeys (E), fils.
Rademaekers, candidat en médecine, à Maeseyck.
Redouté, imprimeur-libraire.
Renkin (Mlle Jos.), propriétaire.
Reul, huissier, agronome.
Richard-Lamarche, propriétaire.
Riga, cultivateur, aux Tawes.
Riga, maître-menuisier.
Rigo (N.), employé au gouvernement provincial.
Rigouts-Verbert, secrétaire de la soc. d'hort. d'Anvers.
Robert. avoué.
Rongé (F.), fabricant.
Ruth (J. J.), jardinier-fleuriste.
Scronx (Et. H.), rentier.
Scronx (Félix), rentier.
Servais-Reul, peintre.
Simon-Brunelle, secr. de la soc. de Flore de Bruxelles.
Simonis (Ad.), fabricant, à Verviers.
Smiets (Norbert), rentier.
Smiets-Vandestraeten, propriétaire.
Soetemans, inspecteur de l'enregistrement.
Sommé, directeur du jardin botanique d'Anvers.
Stas (D.D.), propriétaire.

Stephens, architecte-jardinier.
Stiennon, curé, à Jemeppe.
Tart, docteur en chirurgie.
Thimister, propriétaire.
Tilman, jardinier, à Argenteau.
Tiskin, secrétaire du Parquet.
Thonus-Amand, rentier, à Barvaux-sur-Ourthe.
Toussaint, avocat.
Vanderreycken, professeur au séminaire.
Vanderstraeten (Ant), fabt., vice-président.
Vanderstraeten, banquier.
Van Hulst, avocat.
Van Orle, docteur- pharmacien.
Vaust (Th.), docteur en médecine.
Vercken (Nic.-Jos.), négociant.
Verschaffelt (Alex.), horticulteur, à Gand.
Verschaffelt (Louis), horticulteur, à Gand.
Vielvoie, directeur de l'académie.
Villégia, chirurgien.
Vinckeroy, maître d'hôtel.
Voetwegt, fabricant.
Vossius (Mlle), propriétaire, à Engis.
Voltem, docteur en chirurgie.
Waroux, greffier à la prison.
Wilgot, horticulteur, à Namur.
Wilmotte, propriétaire, à Engis.
Wittert (Mde), propriétaire.
Wouters-Stoupls, rentier.
Yates, négociant,
oud e, avocat.

SOCIÉTÉ ROYALE

D'HORTICULTURE

DE LIÉGE.

Salon de Fruits et Légumes.

M^de Ve N. MAX. Le SOINNE, propriétaire, au Val-Benoit.

Légumes.

1 Choux, de grosseur extraordinaire.
2 choux-navets.
3 navets communs.
4 Pomme-de-terre, *dite corne-de-gatte*, très-grosse.
5 — rohan.
6 — cannelle.
7 — gagnée de semis.
8 une plante de Tomate, greffée sur la pomme-de-terre.
9 une plante d'Oxalis Zonata.
10 Ognon d'espagne.
11 — poire.
12 — gagné, provenant de l'ognon d'Espagne et de l'ognon poire.
13 Pois français à longue gousse.
14 — à gousse brune, *très-bonne espèce.*
15 Froment victoria.
16 Seigle multicaule.

M. J. J. LORIO, jardinier, chez M. A. Francotte.

Fruits.

17 Poire beurré d'hiver.
18 — — royal.
19 — grosse de France.
20 — bon chrétien d'hiver
21 — St. Germain.
22 — passe-Colmar.
23 — St. Michel.
24 Pomme poire.
25 — reinette de Versailles
26 — — de Portugal.
27 — nouvelle, *de Semis.*
28 — Riba.
29 — croquet musqué.
30 — don Riga.

* Les noms précédés d'un astérique sont ceux des personnes qui ne font pas partie de la Société.

31 — inconnue.

Légumes.

32 Pomme-de-terre cannelle.
33 — fiche.
34 — *de Semis.*
35 Ognon de Madère.
36 Echalote.

---

* M. G. PETIT-JEAN,
propriétaire, à Kimexhe.

37 Un navet pesant 3 1[2 kil.

M. J. P. RIGA,
cultivateur au fond des Tawes.

Légumes.

38 haricot nain.
39 — — *variété.*
40 — — —
41 — — —
42 — — —
43 — — —
44 — — —
45 — — —
46 — — —
47 — — —
48 — — —
49 — — —
50 — — —
51 — — —
52 — — —
53 — — —
54 — — —
55 — — —
56 — — —
57 — — —
58 — — —
59 — — —
60 — — —
61 — — —
62 — — —
63 — — —
64 — — —
65 — — —
66 — — —
67 — — —
68 — — —
69 — — —
70 — — —
71 — — —
72 — — —
73 — — —
74 — — —
75 — — —
76 — — —
77 — — —
78 — — —
79 — — —
80 — —*semis de* 1840.
81 — — —
82 — — —
83 — — —
84 — — —
85 — — —
86 — — —
87 — — —
88 — — —
89 — — —
90 — — —
91 — — —
92 — — —
93 — — —
94 — — —
95 — — —
96 — — —
97 — — —
98 — — —

99 — — —
100 — — —
101 — — —
102 — — —
103 — — —
104 — — —
105 — — —
106 — — —
107 — — —
108 — — —
109 — — —
110 — — —
111 — — —
112 Chou-navet.
113 Chou-rave.
114 Chou commun.
115 Chou-rave vert, introduit en 1840.
116 — bleu, id.
117 Chou vert, id.
118 — blanc de Savoie.
119 — rouge.
120 Navet commun.
121 Betterave.
122 Panais.
123 Carotte.
124 Céléri.
125 Endive.
126 Salade, *nouvelle*.
127 — bonne d'hiver.
128 Ognon.
129 Pomme-de-terre, *gagnée*.
130 Groseilles grosses.

M. J. B. FASTRÉ,

pépiniériste et grainier, à Mont-Méry, près de Tilff.

Fruits.

131 Poire beurré vert.
132 — — gris.
133 — — doré
134 — de Capiaumont.
135 — goulu-morceau.
136 — — de chambron.
137 — fénouillette.
138 — Colmar.
139 — de Coing.
140 — doyenné d'automne.
141 — bezy de Chassery.
142 — — de Chaumontel.
143 — — caisson d'Anjou.
144 — — de Wath.
145 — Martin-Sire.
146 — Martin-sec.
147 — bergamotte soulers.
148 — — cadette.
149 — — cressane.
150 — — grise.
151 — grise bonne Duhamel.
152 — marquise.
153 — St.-Michel crotté,
154 — gros Beymont sucré.
155 — Certieaux d'automne
156 — petit ramellier.
157 — Rousseline.
158 — sucré vert.
159 — doyenné d'Austrasie.
160 — St.-Germain *tardive*.
161 — Gilot-Gilles.
162 — passe-Colmar de France
163 — verte-longue. *var*.
164 — de Fouquet.
165 — de Hongrie.
166 — de Turtelle.
167 — de Catillac grise.
168 — inconnue.
169 — Virgouleuse.

170 Fruit du Coignassier du Japon.
171 Pomme neige.
172 — de Dame.
173 — de Vienne.
174 — de Normandie.
175 — de fer.
176 — d'Amérique.
177 — belle-fleur.
178 — Rambour.
179 — pater-noster.
180 — reinette d'Angleterre.
181 — — de Dierzer.
182 — — impériale.
183 — — du Havre.
184 — — de Portugal.
185 — — du Brabant.
186 — — du Canada.
187 — — des Carmes.
188 — — de Hollande.
189 — — du Limbourg.
190 — — de Hongrie.
191 — — de garde.
192 — — franche.
193 — — dorée.
194 — — grise d'hiver.
195 — — — à côtes.
196 — — Rabayme.
197 — — nouvelle.
198 — — royale.
199 — — grosse d'Espagne.
200 — — de Windsor.
201 — — d'Anjou.
202 — — rouge du havre.
203 — — grosse rayée d'Angleterre.
204 — Calville rouge à côtes.
205 — — d'hiver.
206 — — blanche à côtes.
207 — de Rillet.
208 — Rambour.
200 — gros pépin d'or.
210 — épine d'Amas.
211 — Ninapel rouge.
212 — — Cliquelte.
213 — — Sans nom.
214 — rabaine tendre.
215 — de St. Louis.
216 — belle-fleur *var.*
217 — Dame blanche.
218 — court-pendu gris.
219 — — de Bardin.
220 — bon pommier.
221 — nouvelle de Mont-Méry.
232 — belle décime.
223 — — de juillet.
224 — belle-fleur double.
225 — grosse rayée d'Angleterre.
226 — tête de cheval.
227 — de 18 onces.
228 — transparente.
229 — douce d'Angers.
230 — fenouillet rouge.
231 Pomme d'Amérique, en pot.
232 — — *var.*
233 — —
134 — —
235 — —
236 — *var.*
237 —
238 —
239
240 —
241 —
242 —
243 —

244 — — —
245 — — —
246 — — —
247 — — —
248 — — —
249 — — —
250 — — —
251 — — —
252 — — —
253 — — —
254 — — —
255 — — —
236 Noisette aveline.
257 — à fruit carré.
258 — d'Espagne.
259 Noix des bijoutiers.
260 — d'Amérique.
261 — ordinaire.
262 Fraise grosse, de semis.
263 Mélon de honfleur.
264 Rosier à fruit comestible.
265 Pomme-de-terre châtaigne.
266 — jaune oblongne.
267 — de Zélande.
268 — jaune des Cordillières.
269 — bleue — *nouv.*
270 — Artichaut.
271 — hâtive d'Edimbourg.
272 — grosse violette.
273 — Lawson.
274 — longue de Zélande.
275 — divergente.
276 — neuf semaines.
277 — Ananas.
278 — rognon, anglaise.
279 — jaune longue.
280 — violette oblongue.
281 — langue-de-bœuf, *nouv.*
282 — corne-de-vache.
283 — corne-de-chèvre.
284 — marbrée violette.
285 — nec plus ultra.
286 — néerlandaise.
287 — truffe d'Août.
288 — naine hâtive ronde.
289 — Shaw hâtive.
290 — hâtive à chassis.
291 — prime rouge.
292 — néerlandaise, *de semis.*
293 — Rosine, supérieure.
294 — Knight.
295 — jaune des polders.
296 — particulière de Londres
297 — de Lorraine grise.
298 — de Suède.
299 — bifère rouge.
300 — de Rohan.
301 — *Semis de* 1839.
302 — violette longue.
303 — hétéroclite *hâtive.*
304 — à feuilles de frêne.
305 — bruxelloise.
306 — *Semis de* 1840.
307 — type de la longue.
308 — tournaisienne.
309 — Sans nom.
310 — *corne-de-gatte, bonne espèce.*
311 — sauvage, pour mauvais terrain.
312 Navet gros monstre.
313 id. jaune d'Ecosse.
314 id. blond d'Allemagne.
315 id. blanc à collet rose.
316 id. jaune, hybr. de Gibes.
317 id. id. long, id.
318 id. rond à couronne rose.

390 Porreau.
391 Ognon d'Egypte.
392 — patate.
393 — rouge ordinaire.
394 — pyriforme.
395 — de Madère.
396 Céléri.
397 *Sem. d'iris jaune à café*
398 Cornichon de Russie.
399 Tomate à fruit blanc.
400 — — jaune.
401 Fruit d'Aubergine, long- (violet.
402 Piment doux.
403 Coquerel comestible.
404 Pimprenelle de jardin.
405 Persil.
406 marjolaine.
407 Basilie commun.
408 — — *var.*
409 — — —
410 Thym panaché.
411 Tabac de la Vuelta tabajo (habana).

POUR GRANDE CULTURE.

412 Froment de la trinité ou de 70 jours, semé dans la mauvaise terre de Mont-Méry.
413 Gaude des teinturiers.
414 Lin vivace.
415 Asclépiade tubereuse.

M. De FAYS Du MONCEAU. propriétaire, à Chokier. (1)

416 Poire Colmar.
417 id. beurré blanc.
418 id. id. d'hiver.
419 id. passe-Colmar.
420 id. Cressane.
421 id. Doyenné.
422 id. St-Germain.
423 id. berganotte.
424 id. bezy.
425 id. bon chrétien.
426 id. id. id.
427 id. id. id. *sans pierres*
428 Pomme reinette.
429 id. id. franche.
430 id. id. grise.
431 id. id. dorée.
432 id. court-pendu.
433 id. Calville.
434 Chou rouge petit polo-

M. J. PINSAR. (2)

435 *Capucine tubéreuse nouv.*
436 Chou en arbre de Laponie
437 id caulet de Flandre.
438 id. id. id. vert.
439 id cavalier à vache.
440 id. moellier.
441 id. id. rave.

(1) M. De Fays s'empressera de donner des greffes des espèces mentionnées, aux personnes qui lui en feront la demande.

(2) M. Pinsar distribuera, avec plaisir, les graines de cette collection, qu'il aura disponibles.

442 id. grand frisé vert du nord.
443 id. brocoli blanc hâtif.
444 id. id. frisé d'Angleterre.
443 id. id. commun.
446 id. id. d'Italie.
447 id. id. violet frisé.
448 id. frangé blond.
449 id. id. à grosse côte.
450 id. id. prolifère.
451 id. *à feuilles d'acanthe.*
452 id. grand frisé rouge.
433 id. rouge frisé du nord.
454 id id. id. pied court.
455 id crépu de Milan.
456 id. prolifère.
457 id id. à côte rouge.
458 id. id. de *Lilliput.*
459 Chou-navet hâtif.
460 id. violet.
461 Chou-rave.
462 id. — var.
463 id. var.
464 id. var.
465 id. violet.
466 Concombre arada.
467 id hâtif de Hollande.
468 id jaune long.
469 id rouge du Liban.
470 Courge.
471 Fève à châssis violette.
472 — à cosse longue.
473 — julienne.
474 — — verte.
475 — — violette.
476 — hâtive de Nice.
477 — — — violette.
478 — grosse de marais.
579 — — verte.
480 — de Windsor.
481 Haricot blanc d'Espagne.
485 Laitue brune.
483 id. coquille.
484 id. Dauphinelle.
485 id. Morine.
486 id. passion.
487 id. petite crêpe.
488 id. rousse.
489 id. Sanguine panachée.
490 id romaine grosse blanche
591 id. id. à feuilles de chêne.
492 id. id. Sanguine.
493 id. verte maraîchère.
494 Ognon sous terre.
495 Oxalis crénelée.
496 — de Deppe.
497 Piment cérasiforme.
498 Pois d'Auvergne.
499 id. blanc carré.
500 id. chocolat *à écosser.*
501 id. carré à œil noir.
502 id. Dominé.
503 id. fève.
504 id. géant.
505 id. Lady's finger.
506 id. de marly.
507 id. michaux nain hâtif.
508 id. id. de Paris.
509 id. id. quarantain.
510 id. id. de Ruelle.
511 id. Baron, nain.
512 id. nain hâtif.
513 id. id. gros sucré.
514 id. id. sans parchemin *amélioré.*
515 id. id. à demi-rames.
316 id. vert du mont Salvi.

M. N. LAFONTAINE,
jardinier-fleuriste.

517 Pomme reinette de Portugal.
518 id. id. d'Angleterre.
519 id. id. de Thorn.
520 id. id. grise.
521 id. id. triomphante.
522 id. id. verte.
523 id. id. de versailles.
524 id. id. dorée.
525 id. Calville blanche.
526 id. id rouge.
527 id. id Postophe.
528 id. id noirâtre.
529 id. reine.
530 id. pépin d'or.
531 id hecque.
532 Poire goulu morceau.
533 id beurré d'hiver.
534 id id gris.
535 id St-Germain.
536 id de Beymont.
537 id St-Michel.
538 id Cressane.
539 id gros Gilot.
540 Neflier à gros fruit.

M. G. DOUFFET.
de Grignon.

541 une collection de blés.
342 id. d'orges.
543 Froment de Wittinghton.
544 Fleurs artificielles en cocons de vers-à-soie, confectionnées par sa fille Hortense.

M. F. LECLERC,
Cultivateur, à Grivegnée.

545 Céléri navet.
346 id. à jets.
547 Porreau.
548 Chou rouge.
589 Grand chou de Bruxelles dit Sproetje.
550 Pomme-de-terre Leclerc
551 id. œil bleu.
551 id. *corne-de-gatte.*
553 id. id. *var.*
554 id. neuf semaines.
555 id. blanche plate.
556 id. bleue id.
557 id. printannière.
558 id. Cannelle.
559 id. noire.
560 Carotte blanche.
561 id. rouge.
562 Betterave blanche.
363 id. rouge, dout une pêse 17 kilogrammes.

M. LAMARCHE-DOSSIN,
propriétaire, à Bois-l'Evêque.

564 deux ananas.

M. REUL
propriétaire, àBeaufays.

565 Pois mange-tout.
566 id. vert.
567 id. princesse.
568 id. de bouteille.
569 id. lentille.
570 Féverolle d'hiver.
571 Betterave blanche pour Salade.

572 id. rouge hâtive.
573 Cardon d'Espagne.
574 Chou-Brocoli d'italie.
575 Chou de Russie cultivé.
576 Navet vert.
577 id. blanc Tranchard.
578 id. de Suède.
579 id. rond vert.
580 Moutarde blanche.
581 Orge éventail.
582 id à deux rangs.
583 id à six rangs.
584 id id id *var*.
585 id. id id id.
586 id id id id.
587 id id id id.
588 id id id id.
589 id id id id.
590 id id id id.
591 Seigle de printemps.
592 Froment.
593 id. *var*.

PLANTE OLÉIFÈRE.

594 trois sacs de graines de Madia Sativa.

PLANTE FILAMENTEUSE.

595 Asclépiade tubéreuse, *var*.

M. DOSSIN,
Botaniste, à Fragnée.

596 Poire-beurré à gros fruit.

M. DOMALIUS-THIERRY,
Propriétaire, à Anthisues.

598 Betteraves.
599 Carottes.
600 Turneps robinets blancs.
601 id id à collet rouge.
602 id id id vert.
603 id ronds blancs d'Écosse.
604 id id à collet vert.
605 id plats.
606 Pommes-de-terre Américaines, *nouvelles*.
007 Pieds de Chanvre, de 2 m. 40 cent. de hauteur.
608 Avoine d'Orient.
609 id de Georgie.
ces 2 Avoines ont 2 m. 25 cent.
610 Orge plate de mars, dite aussi orge de chevalier.
N. B. Plusieurs de ces pieds d'orge portent de 50 à 60 épis, soit 50: la plupart des épis ont de 30 à 40 grains, soit seulement 30 : cela fait quinze cents grains produits par un seul grain.

M. PIRNAY, père,
cultivateur, à Longdoz.

611 Pomme-de-terre cannelle.
612 id. œil-bleu.
613 id. neuf semaines.
614 id. corne-de-gatte.
615 Houblon.

Instruments Aratoires

EXPOSÉS PAR

M. D'OMALIUS-THIERRY.

N°. 1

BINETTE OU RAZETTE A ROULETTES montée pour biner d'un même coup les deux côtés joignant une ligne de plantes, telles que betteraves, carottes, salades, oignons etc., lesquelles sont si petites encore, quand déjà elles ont besoin d'être binées, que sans l'*auget* le binage pourrait les couvrir de terre.

N°. 2.

LE MÊME INSTRUMENT se voit ci-contre sous le N° 2 monté sans son auget, pour biner les plantes qui par leur espèce ou leur développement n'ont point à souffrir du rejet de la terre soulevée par le binage.

N° 3,

LE MÊME INSTRUMENT se voit ci-contre sous le N° 3, monté d'une seule de ses roues et de ses trois pieds triangulaires pour biner entre deux lignes de plantes.

N°. 4

HOUE-A-CHEVAL à couteaux renversés, appropriée pour servir au ratissage des allées, aussi bien qu'à la culture des récoltes en lignes et à l'écroûtage des vieux labours.

Tirée par un cheval, conduite par un homme, cette houe-à-cheval bine de un hectare à un hectare et demi par jour.

N° 5.

Herse Jardinière avec rateau, lequel à volonté fonctionne ou ne fonctionne point, fonctionne moins ou plus.

— Ce petit instrument, exclusivement destiné au ratissage des allées de jardin, peut-être tiré par un homme ; il est d'ailleurs disposé pour pouvoir y atteler un cheval.

— Il exécute facilement autant d'ouvrage que 20 à 25 ouvriers avec des rateaux.

N° 6.

Houe-a-cheval a couteaux renversés exclusivement destinée au binage des recoltes en lignes, betteraves, carottes, fèves, pois, etc... — Cet instrument, tiré par un cheval, bine facilement de un à un hectare et demi par jour. — On le fabrique aussi à trois couteaux; — à fortes dents de herse, seulement pour rompre la terre croûtée, — ou à socs, sans aucune aspérité sur ses côtés en dehors, et pouvant être tiré à bras d'homme pour le binage des jardins.

N° 7

Houe-a-cheval a socs transposables de manière qu'à volonté on dispose ses socs pour enlever la terre du pied des plantes et la ramener vers le milieu du rayon, pour renverser la terre vers la ligne de plantes, — ou pour donner à celles-ci un buttage.

— Cet instrument, tiré par un cheval, exécute autant d'ouvrage, dans un temps donné, que 30 à 35 ouvriers avec des houes-à-main.

N°. 8.

Hache-racine à tambour et côtés à coulisse avec lequel on peut facilement découper parfaitement trois à quatre mille livres de racines (Betteraves , pommes de terre, carottes , etc.) en une heure.

N°. 9.

Semoir a brouette pour turneps, colza, carottes, betteraves et autres graines de même volume.

Ce semoir ouvre, en même temps, le sillon, y répand la graine, recouvre celle-ci, et marque la trace que doit suivre, au trait suivant, la roue peur placer toutes les lignes de la semaille à une égale distance l'une de l'autre.

* **M. C. J. DUMOULIN**, facteur de Pianos.

N° 10.

Un essai de machine à faucher le grain.

CYPRÈS FUNÉRAIRE,

DERNIER HOMMAGE DES PROFONDS REGRETS

DE LA SOCIÉTÉ,

CONSACRÉ A LA MÉMOIRE

DE

J. VIOT,

JUGE AU TRIBUNAL DE PREMIÈRE INSTANCE DE LIÉGE,

ET SECRÉTAIRE-ADJOINT DE LA SOCIÉTÉ.

Que son Ame repose en Paix!

CYPRÈS FUNÉRAIRE,

DERNIER HOMMAGE DES PROFONDS REGRETS

DE LA SOCIÉTÉ,

CONSACRÉ A LA MÉMOIRE

DE

DE BUYCK-VANDERMEERSCH,

PROPRIÉTAIRE A GAND,

ET DE

H. GATHY,

PROPRIÉTAIRE, A HERMALLE SOUS-ARGENTEAU,

TOUS DEUX, FLORICULTEURS DISTINGUÉS.

Que leurs âmes reposent en paix !

NOTICE

SUR LE POIS SANS PARCHEMIN AMÉLIORÉ,

Par M. J. Pinsar.

Aucun cultivateur n'ignore que, dans presque tous les sémis de pois, il en naît qui varient souvent dégénérés, quelquefois améliorés ; assujettis à la routine, les cultivateurs ont soin d'extraire, sans examen, les uns et les autres de leurs semis, évitant de récolter ces graines qu'ils nomment *pois bâtards*, parce qu'ils ne présentent pas les caractères du type qu'ils affectionnent.

L'an 1834, je reçus le pois sans parchemin, *nain ordinaire à cosse étroite* : (bon jardinier. Voir aussi le catalogue du mois d'octobre 1839, n° 36), le trouvant productif, je le propageai ; en 1836, je remarquai dans mes pois trois plantes sorties probablement d'une même gousse, donnant des cosses plus fortes; je cultivai, de préférence, cette nouvelle variété et recueillis, chaque année, les plus fortes gousses pour semis, (même catalogue N° 39) et cette année j'en obtins d'aussi fortes que celles du pois parchemin à *demi rames*. (bon jard.) La plante est demeurée franche naine comme ses congénères.

3e EXPOSITION DE FLEURS DE DAHLIAS.

PROCÈS-VERBAL

DE LA SÉANCE DU JURY DU 12 SEPTEMBRE 1840.

La séance est ouverte à 3 heures.

Furent présents, MM : Vanderstraeten, vice-président, E. Defresne, H. Haquin, D. Henrard, Jacob-Bamps, Al. Carlier, De Sermoise, Dossin, Hennau. A. Lambert et Decamps.

MM. D. Arnould, J. Anthierens père, H. De La Croix d'Agimont, Douxchamp, Parthon de Von, E. Borsu et H. Stephens s'excusent de ne pouvoir se rendre à l'invitation qui leur à été adressée.

Le jury s'occupe des différents concours dans l'ordre fixé par le programme.

1er CONCOURS.

Pour la collection la plus belle et la plus variée de Dahlias, exposée par un amateur, une médaille en argent ;

L'Accessit, une Médaille en bronze.

Les aspirants à ce prix sont au nombre de six. Ce sont : Mde. Lamarche-Dossin, MM. Defays du Monceau, Guérin, F. Lemmens, Ad. Simonis et A. Vanderstraeten.

M. Vanderstraeten s'abstient de voter.

Le prix est décerné à Mde. Lamarche-Dossin, propriétaire, à Bois-l'Evêque, et l'accessit à M. Ferd. Lemmens.

MM. Ad. Simonis, de Verviers, et A. Vanderstraeten, obtiennent la mention honorable.

2e CONCOURS.

Pour la collection la plus riche et la plus nombreuse de Dahlias, présentée par un jardinier, une Médaille en argent.

A l'accessit, une médaille en bronze.

Le nombre des concourrents est de neuf. Ce sont, MM. Beaufays, Charles, Degey, Francotte, Galoppin, Henrard, Jacob-Makoy, Libert et Philippe.

MM. les concurrents ne prennent pas part au vote.

La Médaille est accordée à M. Jacob-Makoy et l'accessit à M. Galoppin.

La mention honorable est votée à M. Nic. Philippe et à M. L. Francotte.

3e CONCOURS.

Pour la fleur de Dahlia la plus remarquable par son mérite et sa nouveauté, obtenue de semis dans le pays, une Médaille en bronze.

MM. Al. Carlier, E. Defresne et Jacob-Makoy ne votent pas

M. E. Defresne obtient le prix, par 5 voix contre 4, pour un magnifique Dahlia que le jury nomme l'Emile.

Un accessit est décerné à M. Al. Carlier, pour un Dahlia, unique pour la forme et la disposition des pétales, et auquel on donne le nom de Babylone.

4e CONCOURS.

Pour la fleur de Dahlia la plus remarquable par

son mérite et sa nouveauté, et gagnée à l'étranger, une médaille en bronze.

Le prix est accordé au dahlia exposé par M. Galoppin, sous le nom d'Andrew hoffer.

La mention honorable est décernée au Dahlia *non pareille* de M. de Fays, au Dahlia Marchiones of Lothian, de M. Jacob-Makoy, et au Dahlia comtesse Ofpenbrok, de M. Nic. Philippe.

5e CONCOURS.

Pour le plus beau contingent de Dahlias cultivés en pot, une Médaille en bronze.

Aucune collection ne se trouve exposée au salon.

6e CONCOURS.

Pour la collection la plus belle et la plus variée de plantes annuelles en fleurs, (Médaille en bronze).

Le jury décide qu'il n'y a pas lieu de décerner ce prix, mais il accorde une mention honorable à la belle collection de Zinnia exposée par Mde. Lamarche-Dossin.

Le jury mentionne honorablement la belle collection de Dahlias de M. J. P. Gathoy, jardinier du Casino qui, ne faisant pas partie de la Société, n'a pu concourir pour les prix.

Avant de lever la séance, M. le président vote des remercîments à MM. les membres du jury.

Les médailles seront remises aux vainqueurs lors de l'exposition de fruits et de légumes, au 21 octobre prochain.

La séance est levée à 5 heures.

Le vice-président, A. VANDERSTRAETEN.
Le Secrétaire, F. DECAMPS, d. m. ph.

EXPOSITION

DE FRUITS, LÉGUMES ET INSTRUMENTS ARATOIRES.

Procès-verbal de la séance du jury du 16 octobre 1840.

La séance est ouverte à 4 heures, sous la présidence de M. Legraye.

Furent présents, MM : Ad. Simonis, président de la société de Flore de Verviers, Berleur, propriétaire, De Fays de Monceau, Dossin, Henrard, père, Lafontaine, Leclerc, Maillet, Arn. Molinvaux, E. Defresne, Haquin, Legraye, Lemmens, Reul, Stephens et Decamps.

MM. Borsu et Pinsar s'excusent par lettres de ne pouvoir se rendre à la séance.

Le jury s'occupe des différents concours dans l'ordre fixé par le programme.

1er CONCOURS.

Pour la collection de fruits la plus remarquable et la plus variée, (médaille en argent).

MM. De Fays et Lafontaine s'abstiennent de voter.

Le jury accorde la médaille à M. De Fays, l'accessit à M. Fastré et la mention honorable à M. Lafontaine.

2e CONCOURS.

Pour le fruit le plus récemment gagné ou introduit et dont le mérite sera reconnu. (Médaille en bronze).

Il est décidé que ce prix ne peut-être décerné.

3e CONCOURS.

Pour le fruit le mieux venu. Au minimum il faut six échantillons de chaque espèce, (médaille en bronze).

Le prix est décerné à la poire exposée par M. Bossin, sous le nom de beurré à gros fruit, n° 596; la mention honorable est accordée à la pomme Reinette de Portugal, n° 517, exposée par M. Lafontaine.

4e CONCOURS.

Pour la collection la plus belle et la plus nombreuse de légumes, (médaille en argent).

Le jury décide, *à l'unanimité*, que le prix sera partagé et il vote la médaille de bronze aux collections de MM. Pinsar et Leclerc. Celles de Mde Ve Lesoinne et de M. Fastré obtiennent une mention honorable.

5e CONCOURS.

Pour le légume le plus nouvellement introduit, ou au plus remarquable parmi les plus récemment importés, et dont le mérite sera reconnu, (médaille en bronze).

Plusieurs légumes sont mis en concours : mais le jury pense qu'aucun ne mérite la médaille, et il accorde la mention honorable,

1° A la pomme de terre, gagnée de semis, N° 7, par Mde Ve Le Soinne.

2° Aux ognons, N° 393, cultivés par M. Riga.

Et 3° au pois nain sans parchemin *amélioré*, No 514, obtenu par M. Pinsar. Voir la notice.

6e CONCOURS.

Pour le légume le mieux venu, quand il aura été constaté qu'il provient d'une culture en grand; le nombre d'exemplaires de la même espèce ne pourra être au-dessous de douze, (médaille en bronze).

Le prix est décerné à la pomme-de-terre cannelle, No 6, et la mention honorable aux navets, No 3 et aux pommes-de-terre, dites *cornes-de-galle*, No 4; ces trois légumes proviennent des cultures de Mde. Ve Max. Le Soinne.

7e CONCOURS.

Pour la plus belle collection de céréales cultivées *en grand* dans la provincee, (médaille en bronze).

Le prix est décerné, *à l'unanimité*, aux céréales obtenues par M. Reul, et l'accessit à M. Deuffet, de Grignon.

8e CONCOURS.

Pour l'instrument d'agriculture ou de jardinage le plus remarquable, et d'une utilité constatée, (médaille en argent).

La médaille est votée au hache-racine confectionné par M. d'Omalius-Thierry. Voir à la fin du catalogue.

9e CONCOURS

Pour la plus belle collection d'instruments aratoires, (médaille en argent.)

Le prix est décerné à la collection de M. d'Omalius dont les instruments sont précieux sous le rapport de l'utilité, de l'économie de temps et des facilités qu'ils peuvent procurer aux cultivateurs.

Le jury accorde aussi une médaille de bronze, *à titre d'encouragement*, à M. Dumoulin, pour son essai d'une machine à faucher le grain.

10e CONCOURS.

Pour la plante la plus nouvellement introduite

en Belgique, et dont le mérite aura été constaté sous le rapport agricole, commercial ou industriel.

Plusieurs plantes sont présentées : mais le jury estime qu'il n'y a pas lieu de décerner de prix.

Cette exposition, brillante sous tous les rapports, l'emporte de beaucoup sur les précédentes et même sur toutes celles qui ont eu lieu en Belgique. Aussi, le jury se plait à témoigner à MM. les exposants, et en particulier, à Mde Ve Lesoinne et à MM. Douffet, D'Omalius, De Fays, Pinsar, Leclerc, Lafontaine, etc. toute sa satisfaction pour les beaux produits dont ils orné le salon.

Ces heureux succès obtenus par nos jardiniers, ces importants résultats dûs à nos concours annuels démontrent tout le bien que pourrait faire la société dont les prix et les récompenses ont déjà donné une si forte impulsion à l'horticulture et à l'agriculture, si elle pouvait compter sur l'appui efficace de l'autorité supérieure de la province.

En terminant la séance, M. le président adresse des remerciments à Messieurs les jurés pour les soins éclairés et la louable impartialité qu'ils ont apportés dans l'accomplissement des fonctions délicates dont ils avaient daigné se charger.

Pour copie conforme,

Le Secrétaire,

F. F. DECAMPS, *d. m ph.*

en Belgique, et dont le mérite aura été constaté sous le rapport agricole, commercial ou industriel.

Plusieurs plantes sont présentées : mais le jury estime qu'il n'y a pas lieu de décerner de prix.

Cette exposition, brillante sous tous les rapports, l'emporte de beaucoup sur les précédentes et même sur toutes celles qui ont eu lieu en Belgique. Aussi, le jury se plaît à témoigner à MM. les exposants, et en particulier, à Mde Ve Lesimme et à MM. Douillet, D'Omalius, De Fays, Pitsaer, Leclerc, Lafontaine, etc. toute sa satisfaction pour les beaux produits dont ils orné le salon.

Ces heureux succès obtenus par nos jardiniers, ces importants résultats dûs à nos concours annuels démontrent tout le bien que pourrait faire la société dont les prix et les récompenses ont déjà donné une si forte impulsion à l'horticulture et à l'agriculture, si elle pouvait compter sur l'appui efficace de l'autorité supérieure de la province.

En terminant la séance, M. le président adresse des remerciments à Messieurs les jurés pour les soins éclairés et la louable impartialité qu'ils ont apportés dans l'accomplissement des fonctions délicates dont ils avaient daigné se charger.

Pour copie conforme,

Le Secrétaire,

T. F. DECAMPS, d. m. ph.

www.ingramcontent.com/pod-product-compliance
Ingram Content Group UK Ltd.
Pitfield, Milton Keynes, MK11 3LW, UK
UKHW021505260726
13993UKWH00004B/1563